彩图版

讲故事话安全

JIANG GUSHI HUA ANQUAN

电力设施保护在身边

（违法类）

钱家庆 编著

中国电力出版社
CHINA ELECTRIC POWER PRESS

内 容 提 要

本书以普及电力设施保护科学知识为目的，采用漫画的形式通过二十多个小故事，将电力设施保护工作中触及相关法律法规的行为进行归纳，介绍给广大公众。

本书以漫画的形式重点介绍在输电、配电、变电及用电电力设施的盗割电力线缆、盗取电力杆塔塔材、拉线、中性线，盗取电力管线隧道、沟道井盖，在电力线路上盗接电气设备，在电力杆塔基础挖取土，在电力线路走廊挖坑蓄水、线路走廊建筑施工，在电力电缆上方烧火，在电力设施周围烧窑、烧荒、爆破作业，在敷设电力电缆周围挖掘作业，损坏电力设施肇事逃逸，围堵电力设施，在电力设施附近开采作业，在电力线路附近进行冶炼、锻造作业，将电力杆塔当做起重机械的地锚使用，在地下电缆保护区内倾倒酸、碱、盐及其他有害化学物品，在海底、江河电缆保护区内抛锚、拖锚，在保护区内炸鱼，在电力杆塔上架设广播线、有线电视或安装广播喇叭等典型案例改编的小故事。

本书可以作为供电企业履行社会责任进社区、进企业、进学校、进农村、进家庭或上街宣传普及电力设施保护科学知识的宣传材料，也可作为各级供电企业组织生产班组学习电力设施保护知识的教材。

图书在版编目（CIP）数据

讲故事 话安全：电力设施保护在身边.违法类/钱家庆编著.—北京：中国电力出版社，2015.4（2019.5重印）
ISBN 978-7-5123-7346-4

Ⅰ.①讲… Ⅱ.①钱… Ⅲ.①电气设备–保护–普及读物 Ⅳ.①TM7-49

中国版本图书馆CIP数据核字（2015）第043150号

中国电力出版社出版、发行　　北京瑞禾彩色印刷有限公司印刷　　各地新华书店经售
（北京市东城区北京站西街19号　100005　http://www.cepp.sgcc.com.cn）
2015年4月第一版　　2019年5月北京第六次印刷　　印数11001—14000册
889毫米×1194毫米　　横48开　　2.25印张　　69千字　　定价 **18.00** 元

  各级供电企业持续不断广泛开展多种形式的电力设施保护宣传工作，其目的和任务是保障电力生产和建设的顺利进行和维护公共安全。

  现代社会文明程度越高对于电能的依赖程度就越大，但是，有意无意地破坏电力设施的行为不仅存在，而且具有屡禁不止，甚至愈演愈烈的趋势，给广大电力用户的生产活动和日常生活造成无法估量的损失。其中，由于某些人缺乏电力设施保护意识，盲目盗取或恶意破坏，造成自身和他人的人身伤害、无法挽回的损失也是追悔莫及的。

  基于上述原因我们利用电力设施遭受破坏的各地区典型案例编辑成小故事，以期达到通俗易懂地普及电力设施保护知识的效果。

  由于作者水平所限，书中难免有不妥或疏漏之处，敬请读者批评指正，帮助我们及时修改和完善。

编　者

目录 CONTENTS

前言

目录 CONTENTS

1. 盗割电力线缆

① 接到电力线路线缆被盗割的信息。

1. 盗割电力线缆

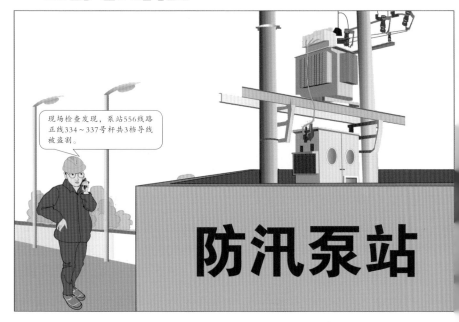

② 到电力线路线缆被盗割的现场检查。

③ 向报案人了解情况。

1. 盗割电力线缆

④ 公安勘察案发现场。

1. 盗割电力线缆

⑤ 犯罪分子被抓获。

2. 盗取电力杆塔塔材

① 早上，小卖部门口两个中年妇女在闲聊天。

2. 盗取电力杆塔塔材

② 供电公司的抢修人员到达现场。

2. 盗取电力杆塔塔材

③ 公安到达现场了解案情。

④ 公安人员到附近居民处了解情况。

2. 盗取电力杆塔塔材

⑤ 公安分析案情，布置蹲守。

⑥ 公安到废品收购站了解情况。

2. 盗取电力杆塔塔材

⑦ 犯罪分子被绳之以法。

3. 盗取电力杆塔拉线

① 电力线路故障查线，发现盗取拉线造成倒杆。

3. 盗取电力杆塔拉线

② 发现盗割现场的蛛丝马迹。

③ 笨贼返回现场找作案工具。

3. 盗取电力杆塔拉线

④ 笨贼自投罗网。

⑤ 现场教育以身试法的笨贼。

4. 盗取中性线

① 月夜有蟊贼盗取中性线。

4. 盗取中性线

② 蟊贼被发现，企图逃窜。

4. 盗取中性线

③ 蠹贼被群众抓住。

5. 盗取电力管线隧道、沟道井盖

① 天色渐亮，行驶中的小轿车前轮陷在工井里。

5. 盗取电力管线隧道、沟道井盖

② 驾驶员走到车身前检查车辆。

5. 盗取电力管线隧道、沟道井盖

③ 驾驶员报了事故交警和保险公司。

5. 盗取电力管线隧道、沟道井盖

④ 供电公司更换了新型防盗井盖。

5. 盗取电力管线隧道、沟道井盖

⑤ 公安在废品收购站蹲守，抓住偷井盖的贼。

6. 在电力线路上盗接电气设备

① 机米作坊因为窃电被暂停供电了。

② 不想接受处罚的作坊老板想自己恢复供电，没成。

6. 在电力线路上盗接电气设备

③ 作坊老板找到业余电工准备私自接电。

6. 在电力线路上盗接电气设备

④ 业余电工准备直接把机米的机器接到电力线路上。

6. 在电力线路上盗接电气设备

⑤ 业余电工站到房上私自接电，触电身亡。

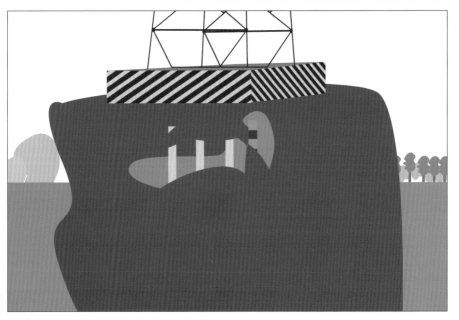

① 输电铁塔由于基础周围被取土变成孤岛。

7. 在电力杆塔基础挖沙取土

② 线路运行员发现输电铁塔下的土被取走，找群众了解情况。

7. 在电力杆塔基础挖沙取土

③ 线路运行人员报告，采取紧急处置措施。

7. 在电力杆塔基础挖沙取土

④ 施工人员用石头给铁塔基础打护坡。

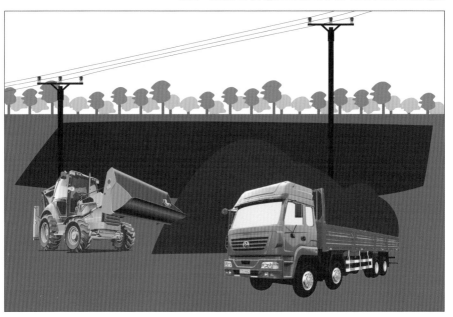

① 线路走廊下铲车和载重车正在繁忙作业。

8. 在电力线路走廊挖坑蓄水

② 抽水机正在往刚挖好的大坑里蓄水。

③ 线路运行员找到施工负责人。

8. 在电力线路走廊挖坑蓄水

④ 水中电杆被水泡倒，肇事者被绳之以法。

9. 在电力线路走廊建筑施工

① 线路运行人员发现有人在线路走廊盖房。

9. 在电力线路走廊建筑施工

② 建筑的房子已经盖起来，但是，房主没有履行承诺。

9. 在电力线路走廊建筑施工

③ 砌砖的建筑工人头顶上方就是电线。

9. 在电力线路走廊建筑施工

④ 一名建筑工人用瓦刀削砖时没注意头顶的电线触电。

⑤ 另一名建筑工人去拉触电者，也触电身亡。

10. 在电力电缆上方烧火

① 大楼前架起大锅烧沥青，准备铺房顶的油毡。

② 火越烧越旺将埋在地下的电缆烧炸。

10. 在电力电缆上方烧火

③ 线路运行人员查找到故障点。

① 电力线路下新建起一座瓷窑。

11. 在电力设施周围烧窑

② 瓷窑点火时火苗直逼电力线路。

① 3月初满田地的荒草。

12. 在电力设施周围烧荒

② 老农传授烧荒的"道理"。

③ 老农指导年轻人点火。

12. 在电力设施周围烧荒

④ 老农见烧到变压器悔恨交加。

13. 在电力设施周围爆破作业

① 施工队在电力线路下方开山炸石。

13. 在电力设施周围爆破作业

② 爆炸的余波和崩飞的石屑笼罩了电力线路。

13. 在电力设施周围爆破作业

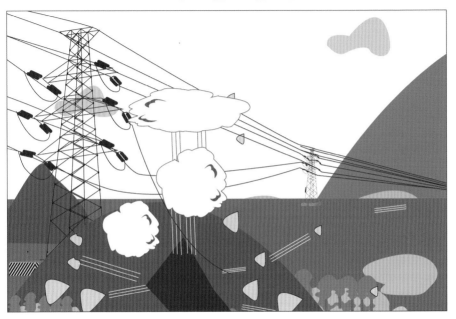

③ 电力线路受爆炸影响中断供电。

13. 在电力设施周围爆破作业

④ 电力线路遭受极大破坏。

14. 在敷设电力电缆周围挖掘作业

地下有电缆
禁止挖掘作业

① 小河边挖掘机准备施工。

14. 在敷设电力电缆周围挖掘作业

② 挖掘机司机明知有电缆坚持施工。

14. 在敷设电力电缆周围挖掘作业

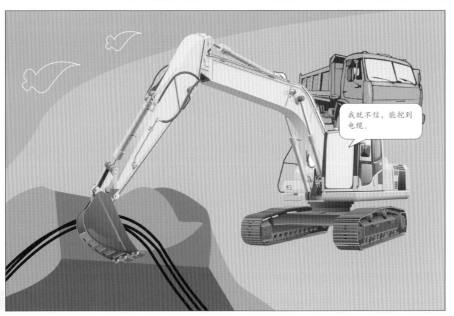

③ 挖掘机一铲子就把电缆给捞上来了。

14. 在敷设电力电缆周围挖掘作业

④ 挖掘机司机野蛮施工把电缆挖断。

① 公路旁输电线路铁塔被撞。

15. 损坏电力设施肇事逃逸

② 交通警和线路运行人员到达现场。

15. 损坏电力设施肇事逃逸

③ 通过警务通锁定肇事者。

15. 损坏电力设施肇事逃逸

④ 肇事者归案。

① 配网自动化站旁一家酒吧筹备开张。

16. 围堵电力设施

② 酒吧老板提出了改进配网自动化站外观的意见。

③ 领班叫来伙计在配网自动化站上搞创作。

16. 围堵电力设施

④ 涂鸦后的配电自动化站连运行员都认不出来了。

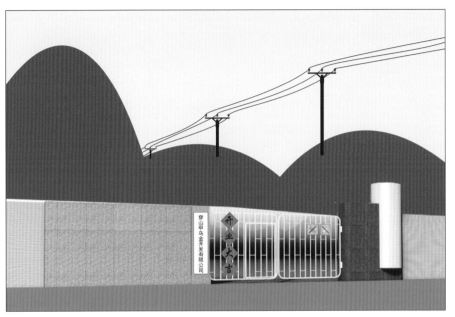

① 电力线路不远处新开了一家小煤窑。

② 煤窑老板要求工头加快进度。

17. 在电力设施附近开采作业

③ 工头拍板，不往深处挖，确保产量。

17. 在电力设施附近开采作业

④ 煤窑里落下一根水泥电杆。

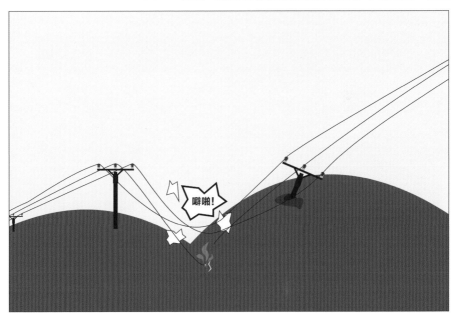

⑤ 电力线路中断供电。

18. 在电力线路附近进行冶炼、锻造作业

① 农具厂建在变电站隔壁。

18. 在电力线路附近进行冶炼、锻造作业

② 变电站的运行人员发现设备的绝缘降低。

18. 在电力线路附近进行冶炼、锻造作业

③ 变电站运行人员向职能部门汇报。

19. 将电力杆塔当做起重机械的地锚使用

① 盖房用卷扬机，因为地太松软，地锚总被拔出。

19. 将电力杆塔当做起重机械的地锚使用

② 施工队准备用电杆代替地锚。

19. 将电力杆塔当做起重机械的地锚使用

③ 施工队把卷扬机挂在了电杆上。

19. 将电力杆塔当做起重机械的地锚使用

④ 施工队确定电杆够结实。

19. 将电力杆塔当做起重机械的地锚使用

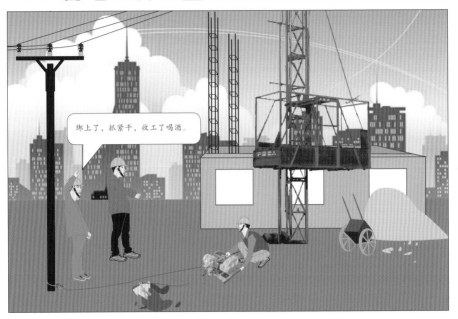

⑤ 施工队把卷扬机绑在了电杆上。

19. 将电力杆塔当做起重机械的地锚使用

⑥ 电杆不堪重负被拽倒了。

20. 在地下电缆保护区内倾倒酸、碱、盐及其他有害化学物品

① 化工厂处理废料委托给了临时工。

20. 在地下电缆保护区内倾倒酸、碱、盐及其他有害化学物品

② 两个临时工边聊边开车。

20. 在地下电缆保护区内倾倒酸、碱、盐及其他有害化学物品

③ 临时工们嫌远不愿意送到化工废料集中处置点。

20. 在地下电缆保护区内倾倒酸、碱、盐及其他有害化学物品

④ 两个临时工把拖拉机开到变电站后面。

20. 在地下电缆保护区内倾倒酸、碱、盐及其他有害化学物品

⑤ 两个临时工撬开电缆沟盖板把化工废料倒进电缆沟，强烈的腐蚀性废料造成电缆腐蚀，多条线路停电。

21. 在海底、江河电缆保护区内抛锚、拖锚

① 两家渔民在水面上选点撒网。

21. 在海底、江河电缆保护区内抛锚、拖锚

② 两条渔船抛锚，开始下网。

21. 在海底、江河电缆保护区内抛锚、拖锚

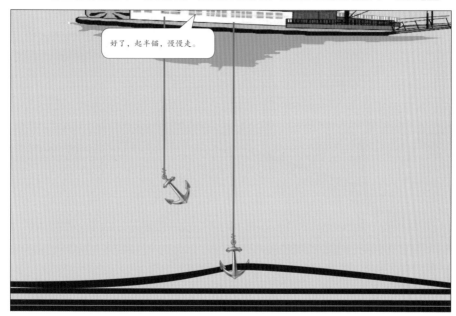

③ 渔船拖锚缓慢前进。

21. 在海底、江河电缆保护区内抛锚、拖锚

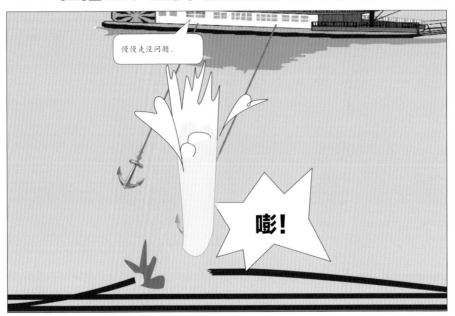

④ 渔船将电缆拉断。

22. 在保护区内炸鱼

① 无业青年在水电站闸口发现有大鱼。

② 找到同伴准备抓鱼。

22. 在保护区内炸鱼

③ 俩人决定用炸药炸鱼。

④ 鱼没炸成，把水坝炸裂。

23. 在电力杆塔上架设广播线、有线电视或安装广播喇叭

① 架设有线电视的木杆朽坏了。

23. 在电力杆塔上架设广播线、有线电视或安装广播喇叭

② 电工在现场向村长要求购置木杆。

23. 在电力杆塔上架设广播线、有线电视或安装广播喇叭

③ 村长指示电工把有线电视线挂到水泥电杆上。

23. 在电力杆塔上架设广播线、有线电视或安装广播喇叭

④ 有线电视线架设完成。

23. 在电力杆塔上架设广播线、有线电视或安装广播喇叭

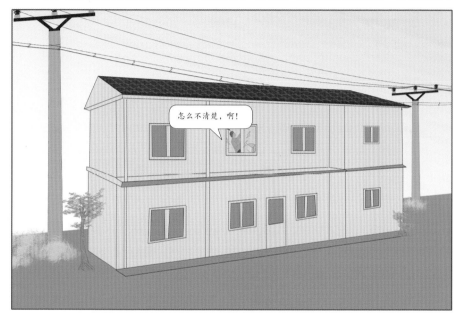

　　⑤ 有线电视线架在电线杆上与电线发生摩擦，使有线电视线带电，造成村长触电身亡。